AF596963

MÉMOIRE

CONTRE

L'ÉTABLISSEMENT A LYON

D'UN

ENTREPOT GÉNÉRAL DES LIQUIDES.

MÉMOIRE

CONTRE

l'établissement à Lyon

D'UN

ENTREPOT GÉNÉRAL

DES LIQUIDES.

Juillet 1839.

LYON.

DUMOULIN ET RONET, IMPR.-LIBRAIRES,

Quai Saint-Antoine, 33.

1839.

INTRODUCTION.

Nous osons supplier ceux de nos compatriotes qui jetteront les yeux sur cet écrit, de ne point les en détourner sous prétexte qu'il traite d'une matière toute spéciale, et que la polémique engagée entre les partisans et les adversaires de l'Entrepôt général n'exprime autre chose qu'une lutte entre le commerce des liquides et le fisc. Ce serait là une vue très-incomplète et très-superficielle. L'établissement à Lyon d'un Entrepôt général des liquides soulève en effet des questions graves et variées, et touche à des intérêts au sort desquels il n'est permis à aucun Lyonnais de rester indifférent.

Ecartons, si l'on veut, les considérations d'équité que sont en droit de faire valoir les commerçants en liquides. Endurcissons notre oreille aux plaintes si légitimes d'une classe de citoyens sur laquelle la main du fisc aime à s'appesantir, et que ses défiances tourmentent de mille manières. Consentons à admettre, dans un pays et dans un siècle où ne cessent de retentir les grands mots d'égalité et de liberté, des *privilégiés de l'oppression*. Les hommes, qu'on serait ainsi disposé à abandonner et à sacrifier, trouveront, en dehors de leurs intérêts personnels, de quoi éveiller bien des sollicitudes, de quoi motiver l'appel qu'ils font à tous leurs concitoyens.

Ils diront aux négociants : Songez que la liberté commerciale n'a plus, en France, qu'un seul ennemi qui est le fisc. S'il n'est point encore possible d'obtenir un affranchissement vivement, universellement souhaité, au moins ne souffrez pas que, rétrogradant vers un passé funeste, on aggrave les rigueurs de la législation fiscale. Le sort dont nous sommes menacés peut vous atteindre à votre tour; portez assistance à ceux qui, les premiers, poussent un cri de détresse. Il y va de votre propre avenir; car l'égoïsme et l'isolement vous laisseront exposés sans défense à tous les envahissements. Il existe, en matière de franchises et de liberté, entre toutes les branches de commerce, une solidarité d'où dérivent des devoirs auxquels on ne manque pas impunément.

Ils diront aux propriétaires : L'établissement d'un Entrepôt général obligatoire resserrera tellement les liens au milieu desquels le commerce des liquides se meut si péniblement, que ce commerce préférera nécessairement le séjour des communes suburbaines à celui de la ville de Lyon. Ainsi l'émigration d'une portion de la population sera la conséquence immédiate de la mise en vigueur de l'Entrepôt général. Or, diminuer la population d'une ville, en exiler toute une branche de commerce avec les industries secondaires qui la servent, n'est-ce pas nuire à sa prospérité? N'est-ce pas, spécialement dans une cité comme la nôtre, et quand il s'agit d'un commerce qui a pour objet des marchandises très-volumineuses, produire dans l'occupation de la propriété bâtie un vide considérable? Un tel déplacement, dont les effets ne se feront sentir d'abord qu'à un certain nombre de propriétaires, n'occasionnera-t-il pas à la longue un abaissement dans le niveau général des loyers, et dès lors n'est-il pas vrai que tous les propriétaires de la ville de Lyon sont, à des degrés divers, intéressés à empêcher l'établissement de l'Entrepôt général des liquides?

On se propose encore de démontrer, dans cet écrit, que l'Entrepôt général, instrument de servitude pour le commerce des liquides, n'est justifié par aucune considération d'intérêt public; qu'élevé sous prétexte de réprimer la fraude et d'augmenter ainsi les recettes de l'octroi, il est impuissant à atteindre le but auquel il tend; qu'il sera, sous ce rapport, d'une complète stérilité; que cependant il coûtera des sommes énormes; qu'outre les frais de construction il entraînera des dépenses annuelles considérables, par suite de l'augmentation du personnel des employés, et qu'en s'appuyant sur les calculs les plus modérés, il est de la dernière évidence que les produits seront de beaucoup inférieurs aux déboursés.

Eh bien! si tout cela est vrai, la construction de l'Entrepôt général n'est-elle pas une lourde méprise financière? ne constitue-t-elle pas un mauvais emploi des deniers communaux? Un premier emprunt a été affecté à ce malencontreux établissement : il est absorbé. De nouveaux fonds devront être sollicités, et de rechef on entendra retentir ce mot d'emprunt, si mal sonnant dans une ville déjà obérée! Mais, quand la dette municipale s'aggrave ainsi de jour en jour, le service des intérêts n'exige-t-il pas une augmentation d'impôts? et n'est-ce pas, en définitive, sur les contribuables que retombe tout le poids des bévues administratives et financières que commettent les magistrats de la cité? Ainsi, l'Entrepôt général des liquides, c'est un emprunt dont le produit sera dépensé sans utilité et sans compensation; un emprunt, c'est un accroissement de la dette communale, partant un accroissement d'impôt. Or, qui paie l'impôt? tout le monde. Il n'est donc pas un Lyonnais qui puisse refuser d'entendre nos observations, qui puisse dédaigner la lumière que nous allons nous efforcer de répandre sur la question de l'Entrepôt général des liquides.

Et s'il fallait ajouter aux considérations qui précèdent, nous prierions nos concitoyens de remarquer combien, dans notre ville régénérée et transformée, pour ainsi dire, depuis vingt ans, il reste encore d'améliorations à exécuter! que de rues à rectifier et à élargir! que de quartiers à assainir! Et les fontaines si impatiemment attendues dans l'intérêt de la santé et de la propreté publique! et l'élargissement ou plutôt la reconstruction du Pont-du-Change! et le changement de cet odieux système de pavage, qui fait notre supplice et celui des étrangers! et tant d'autres travaux sollicités par le vœu de tous! A quoi tiennent les ajournements et la lenteur qui sur tous ces points trompent et irritent les esprits? est-il besoin de le dire? à l'absence de ressources suffisantes. Et c'est dans de telles circonstances qu'on emploierait plus d'un million à une construction qui rapportera moins qu'elle ne coûtera chaque année; à une construction désapprouvée par tout ce qu'il y a d'hommes compétents et spéciaux, et qui excite les réclamations les plus énergiques de la part d'une foule de citoyens!

Encore une fois, il faut que tous nos compatriotes prennent connaissance de la question de l'Entrepôt général des liquides, car tous ils sont intéressés à ce qu'on ne prive pas légèrement de sa part de liberté une classe de négociants; à ce que la commune de Lyon ne se dépouille pas d'un de ses éléments de prospérité au profit des communes environnantes; à ce que, par des emprunts contractés mal à propos, on n'aggrave pas la dette municipale et par conséquent le fardeau des contribuables; à ce qu'enfin, en présence de tant de travaux urgents, de tant d'améliorations indispensables, on n'affecte pas une somme énorme à une construction à la fois inutile et impopulaire.

MÉMOIRE

CONTRE

l'établissement à Lyon

D'UN

ENTREPOT GÉNÉRAL DES LIQUIDES.

HISTORIQUE.

Un entrepôt est, comme chacun sait, un lieu doué du privilége de soustraire momentanément à l'impôt les marchandises qui y sont renfermées. Ce privilége a été institué en faveur du commerce. On a cru devoir suspendre la perception des droits sur les produits dont le commerce s'approvisionne, jusqu'au moment où il les livre à la consommation. On évite ainsi de le grever de l'intérêt des avances qu'il se verrait obligé de faire, si le versement des droits était exigé au moment où les marchandises entrent dans ses magasins. C'est dans cette vue qu'ont été établis les entrepôts généraux. Leur enceinte est comme un asile, où les produits, objets du commerce, échappent provisoirement à la main du fisc. Mais le système des entrepôts généraux, très-applicable à la plupart des marchandises, présente de graves et nombreux inconvénients lorsqu'il s'agit de produits volumineux et qui exigent des manipulations fréquentes et une surveillance de tous les instants. C'est dans cette catégorie qu'il faut ranger les liquides. Au sein d'une ville où le commerce des liquides se fait avec quelque développement, il est difficile d'élever un édifice assez vaste pour qu'il puisse s'y mouvoir avec aisance; et d'un autre côté, la sollicitude, les soins assidus que réclament les boissons, ne peuvent que difficilement se concilier avec les règlements d'un établissement public, ouvert seulement une partie de la journée.

Aussi le législateur a-t-il transporté aux magasins particuliers des négociants en liquides, les priviléges attachés aux entrepôts généraux; il a créé ce qu'on appelle la faculté d'entrepôt à domicile. Dans ce système, chaque commerçant a un compte ouvert avec la régie. Ce compte est chargé de tous les liquides importés, et déchargé de tous les liquides exportés : les droits se paient sur la différence.

Tel est le mécanisme fort simple des relations qui existent entre le fisc et le commerce des liquides établi dans les villes sujettes à l'octroi.

On comprend aisément que la faculté d'entrepôt à domicile est d'un prix inestimable pour le négociant en liquides, et qu'il ne se déciderait jamais à franchir le seuil d'une ville où cette faculté lui serait interdite.

C'est donc, grâce à cette institution, que notre cité a pu s'enrichir d'une branche de commerce extrêmement importante et qui est le principe et le centre d'un vaste mouvement. Mais bientôt, quelques esprits chagrins, toujours prêts à recourir aux mesures les plus désastreuses pour extirper les moindres abus, réclamèrent la suppression des entrepôts à domicile, leur conversion en un Entrepôt général obligatoire, sous prétexte qu'ils servaient à favoriser la fraude et l'altération des boissons, et qu'ainsi, ils causaient une diminution dans les recettes communales, et compromettaient la santé publique. Ces réclamations reproduites avec persévérance, finirent par triompher. En 1806, le conseil municipal substitua le régime d'un Entrepôt public obligatoire à celui des entrepôts à domile. L'essai fut on ne peut plus malheureux. Six ans après, on reconnaissait officiellement que l'établissement de l'entrepôt général n'avait produit que des résultats funestes, et l'administration, cédant à l'évidence, et avouant avec loyauté son erreur, détruisait son ouvrage de ses propres mains.

La loi du 28 avril 1816, dans laquelle on refondit la législation des contributions indirectes, maintint la faculté d'entrepôt à domicile, et l'article 39 dispose qu'elle subsistera même dans les localités où sont établis des entrepôts publics.

Rassuré par l'issue de la tentative faite de 1806 à 1813, et par la loi de 1816, le commerce des liquides revint se fixer à Lyon et s'y développa de plus en plus. Pour servir les besoins d'un vaste mouvement d'exportation, et d'une fabrication de liqueurs très-considérable, des magasins spacieux furent bâtis et loués, et un surcroît de population vint en occuper le voisinage. Lyon ajouta ainsi une nouvelle source de richesse à celles qu'il réunissait déjà.

Cependant l'expérience faite de 1806 à 1813 n'avait point découragé tous les partisans des entrepôts publics. Dès l'année 1817, l'administration des contributions indirectes essaya d'en rétablir le régime. Le conseil municipal opposa une résistance invincible. En 1826, nouveaux efforts, nouvelle opposition. Cette fois, la chambre de commerce intervint dans le débat, elle fit valoir des considérations de la plus haute gravité, et son opinion, fruit d'études spéciales, triompha momentanément de l'obstination des promoteurs de l'Entrepôt général.

En 1832, ils revinrent à la charge, et cette fois avec succès. Ils tirèrent habilement parti du malheur des temps. La révolution de juillet avait, comme toute violente secousse politique, introduit le relâchement dans le service de la perception des impôts indirects; les lignes de l'octroi étaient mal gardées, et la fraude profitait largement de la négligence des préposés. De plus, la stagnation des affaires commerciales et par suite la détresse de la classe ouvrière, l'émigration qui avait suivi l'insurrection de novembre 1831, enfin, l'épouvante semée par l'apparition du choléra; toutes ces circonstances s'étaient réunies pour diminuer la consommation soumise à l'octroi, et pour créer un déficit remarquable dans le chiffre annuel des recettes municipales. On ne voulut pas se rendre compte de toutes les influences exceptionnelles, et nécessairement passagères que nous venons de rappeler. On affecta de ne voir dans l'abaissement des revenus de la cité que l'ouvrage de la fraude sur les boissons; et où se pratiquait la fraude? dans les entrepôts à domicile. On allait jusqu'à prétendre que, grâce à la faculté d'entrepôt à domicile, le tiers au moins des boissons consommées à Lyon, échappait aux agents de la perception. Ces ridicules exagérations, émises avec une apparente conviction, propagées avec ardeur, étayées par un perfide échafaudage de chiffres, furent accueillies par le conseil municipal de 1832, trop empressé, il faut le dire, de recourir au premier remède qu'on lui signalait comme propre à guérir les maux de la situation. Il se laissa persuader que supprimer les entrepôts à domicile c'était tarir la source de la fraude, et remonter tout d'un coup au niveau des époques les plus florissantes. Le 13 décembre 1832, sur le rapport de M. Terme, il prit une délibération où l'on remarque les passages suivants :

« Considérant que la situation des finances de la ville ne lui permet pas de se charger elle-même de la construction d'un Entrepôt général ;

« Considérant que l'administration a l'espérance fondée de voir la concurrence s'établir entre plusieurs spéculateurs pour l'établissement de cet Entrepôt;

« Considérant que la ville *ne doit point spéculer sur les revenus de l'Entrepôt*, mais qu'elle doit chercher avant tout les avantages du commerce tout en détruisant la fraude;

« Considérant qu'une loi est nécessaire pour autoriser l'établissement à Lyon d'un Entrepôt général, et que les intérêts privés, engagés dans l'existence actuelle des entrepôts à domicile, ne permettent pas l'établissement de cet Entrepôt avant une année révolue ;

DÉLIBÈRE :

« ART. 1er. M. le Maire est autorisé à solliciter du « pouvoir législatif une loi en vertu de laquelle les en- « trepôts à domicile soient supprimés, et un Entrepôt « général des liquides établi dans la ville de Lyon.

« ART. 2. L'Entrepôt général ne sera obligatoire et les « entrepôts à domicile ne seront supprimés qu'à partir « du 1er janvier 1834.

« ART. 3. La ville de Lyon *s'interdit la faculté d'éta- « blir à ses frais l'Entrepôt général ;* la spéculation « privée sera appelée à le construire, et l'adjudication « de cette construction ne sera faite qu'avec publicité « et appel à la concurrence. »

Cette délibération fut prise sans que la chambre de commerce eût été préalablement consultée. On connaissait trop bien sa conviction inébranlable. Et cependant, une ordonnance récente, celle du 16 juin 1832, art. 12, venait de disposer que l'avis des chambres de commerce serait demandé sur les *projets de travaux publics locaux, relatifs au commerce.*

Ajoutons qu'aucune enquête large et sincère ne fut ouverte sur les avantages et les inconvénients de l'Entrepôt général. Si quelques-uns des intéressés furent appelés à s'expliquer à cet égard, ce fut si tardivement et si incomplètement, que la vérité ne put se faire jour, et que les courtes observations auxquelles on daigna prêter l'oreille, vinrent échouer devant une résolution déjà fermement arrêtée.

La délibération du 13 décembre 1832 ne fut donc point le produit d'études approfondies et d'investigations consciencieuses et impartiales. Elle fut prise à la suite d'un rapport rédigé sur des renseignements inexacts, plein de fausse statistique, empreint d'irritation et de violence, véritable réquisitoire où les accusations les plus injustes sont adressées sans restriction et sans mesure au commerce des liquides tout entier. Il va sans dire que nous ne nous occupons ici que de l'écrit et non de l'écrivain, homme d'honneur autant que de talent, qui, mieux informé, a peut-être aujourd'hui abandonné l'opinion dont il se fit alors le véhément organe.

En résumé, si l'on cherche à se rendre compte de la valeur morale de la délibération du 13 décembre 1832, on devra faire la part du malheur des circonstances, qui disposait les esprits à accueillir précipitamment le premier remède qui leur était offert; on devra aussi prendre en considération la surprise dont les intéressés au maintien des entrepôts à domicile furent victimes.

Enfin l'on voudra bien remarquer dans quels termes les partisans de l'Entrepôt général posèrent la question.

Suivant leurs évaluations, cet établissement ne devait pas coûter un centime à la caisse municipale. La spéculation privée devait en faire les frais. Et cependant il devait produire dans les revenus communaux une augmentation de 600,000 fr. Il était difficile assurément de colorer la proposition d'une manière plus séduisante. Nous verrons dans un instant combien l'inexorable expérience a démenti ces confiantes prévisions.

M. le Maire de Lyon, qui était à cette époque M. Prunelle, avait été chargé, comme on l'a vu, par la délibération du 13 décembre 1832, de solliciter une disposition législative qui, dérogeant à l'article 39 de la loi du 28 avril 1816, permît de remplacer les entrepôts à domicile par un Entrepôt général exclusif.

M. Prunelle s'empressa d'accomplir son mandat. Mais, fidèle au système de précipitation et de surprise suivi jusqu'alors par les partisans de l'Entrepôt général, il se garda bien d'attaquer de front la loi de 1816 et de soumettre à la Chambre la modification qu'il désirait, dans la forme d'un projet de loi. Cette manière de procéder eût été régulière et loyale, mais elle aurait éveillé l'attention des adversaires de la mesure, et les sages épreuves déterminées par le règlement de la Chambre des députés, eussent donné aux défenseurs de l'institution attaquée, le temps d'intervenir et de provoquer une discussion sérieuse. C'est ce qu'il importait à M. Prunelle d'éviter à tout prix. Il jugea donc plus sûr d'attendre la veille de la clôture de la session de 1833. MM. les députés, pressés, après six mois de labeurs, de regagner leurs départements, votaient rapidement le budget des recettes de 1834. Ce fut alors que M. Prunelle glissa dans la loi un amendement qui en est devenu l'art. 9 (loi du 28 juin 1833), et qui est ainsi conçu :

« A compter du 1er janvier 1834, et lorsque les con-« seils municipaux en auront fait la demande, les en-« trepôts à domicile pour les boissons seront supprimés « dans les communes sujettes aux droits d'entrée et « d'octroi, lorsqu'un Entrepôt public y aura été régu-« lièrement établi. »

Vainement représenterait-on ici que l'amendement proposé par M. Prunelle avait obtenu préalablement l'adhésion du ministre des finances, et que le député de La Tour-du-Pin ne l'avait soumis au vote de la Chambre qu'après en avoir entretenu ses collègues dans la salle des conférences.

Nous répondons que ces préliminaires ne constituent pas les garanties qui assurent la bonne confection des lois, et qu'il est de principe que toutes les fois qu'on agite une question où de graves intérêts se trouvent engagés, ces intérêts soient mis en demeure de s'expliquer et de se défendre.

On voit par ce qui précède que l'article 9 de la loi du 28 juin 1833, qui dispose d'une manière générale et qui régit toutes les municipalités de France, tire son origine de Lyon, qu'il a eu pour auteur et pour éditeur le maire de cette ville. Et ce qui prouverait que cet article n'est propre qu'à donner satisfaction à des convoitises ou, si l'on veut, à des préjugés de localité, c'est le peu d'empressement qu'ont mis jusqu'à ce jour les grandes villes de France à imiter l'exemple donné par le conseil municipal de Lyon. Nous ne sachions pas que ses accusations contre les entrepôts à domicile aient trouvé de l'écho dans le pays; que ses idées et ses vues, relativement aux avantages des entrepôts publics, aient conquis beaucoup de partisans.

L'isolement où est demeurée l'administration lyonnaise, dans une voie où elle comptait recueillir des marques universelles de sympathie et de reconnaissance, est, selon nous, très-significatif. Il est la condamnation de l'entreprise où elle est engagée; à moins cependant qu'on ne veuille prétendre que la ville de Lyon est dans une situation exceptionnelle, et que ses négociants possèdent en propre le génie de la fraude.

Armée de l'article 9 de la loi du 28 juin 1833, l'administration municipale s'est hâtée de mettre en adjudication la construction d'un Entrepôt général. Mais la spéculation privée est restée sourde à son appel. Que faire? On s'était solennellement interdit de construire l'édifice aux frais de la ville. On avait compté sur un concours empressé de soumissionnaires. Une première illusion dissipée par l'expérience aurait dû, ce semble, refroidir, arrêter les enthousiastes de l'Entrepôt. Il n'en fut rien. On se raidit contre les difficultés, on ne craignit pas de renoncer au principe que l'on avait hautement proclamé, que la ville ne devait pas spéculer et établir l'Entrepôt à ses frais. La caisse municipale ne pouvant subvenir à cette dépense inattendue, on prit le parti de recourir au crédit. Ici, encore nouvelle illusion. On évalua les frais de construction de l'Entrepôt à la somme de 450,000 fr. environ. Les hommes qui présentaient ce devis répondaient d'un produit non plus de 600,000 fr., mais de 400,000. C'était encore présenter l'opération sous un jour fort attrayant, et apaiser bien des scrupules. Un emprunt fut voté.

Aujourd'hui l'Entrepôt général s'élève dans la presqu'île Perrache. Chacun peut en visiter les travaux, en considérer les dimensions, en évaluer approximativement le coût. Eh bien! nous ne craignons pas de paraître exagérer en avançant qu'il faudra y consacrer plus d'un million.

Ainsi, la dépense prévue sera triplée. Et, par un

triste contraste, les revenus espérés diminuent à mesure que la perspective se rapproche; et déjà, en 1838, M. le Maire de Lyon, dans son exposé du budget de 1839, avoue que l'Entrepôt ne produira que 180,000 fr.!

Ainsi, les deux termes de la question sont complètement renversés, au point que, si elle était soumise au conseil municipal, dans l'état où les faits l'ont amenée, elle recevrait certainement une solution contraire à celle qui a prévalu. Et pourtant l'expérience n'a pas dit son dernier mot!

Ajoutons, pour compléter cet exposé historique de la question de l'Entrepôt général, que les propriétaires et les commerçants en liquides n'ont cessé de protester, par des démarches, des pétitions, des mémoires, contre la suppression de la faculté d'entrepôt à domicile. Ils n'ont pu vaincre jusqu'à ce jour le mauvais vouloir des uns, l'engoûment irréfléchi des autres, l'insouciance du plus grand nombre.

Aujourd'hui ils tentent un dernier effort. Ils conjurent tous ceux à qui les intérêts de la cité sont chers, de vouloir bien s'enquérir des raisons de décider pour et contre l'Entrepôt général. La question s'éclaircit de jour en jour, et le moment est venu où ils peuvent accepter pour juges tous leurs concitoyens.

Au reste, qu'on ne s'y trompe pas, si nous ne voulions qu'avoir raison, nous pourrions laisser au temps le soin de justifier toutes nos assertions. Mais les leçons du temps coûtent cher. L'Entrepôt général pourra s'achever, mais il ne vivra pas; nous en sommes certains. En attendant, le commerce des liquides aura quitté Lyon, des pertes considérables auront été la suite de ce déplacement. Les ressources communales auront été prodiguées sans fruit. Suffira-t-il, pour réparer tant de maux, de se frapper la poitrine et de s'écrier : Nous nous sommes trompés!

Non, il faut prévenir de stériles regrets. Il faut écouter un dernier avertissement, et s'arrêter dans l'exécution d'une entreprise qui déshonorera dans l'avenir l'administration qui l'aura accomplie.

DISCUSSION.

Pour se prononcer d'une manière équitable et judicieuse sur le mérite de la création d'un Entrepôt général, il faut mettre en balance les avantages qu'on peut attendre de cette mesure, et les inconvénients qui y sont attachés. C'est sur la comparaison qu'on établira entre les uns et les autres que devra se former le blâme ou l'approbation. Exagérer les avantages, atténuer les inconvénients; telle a été la tactique constante des partisans de l'Entrepôt général. Nous ne les imiterons pas, et nous nous renfermerons scrupuleusement dans les limites du vrai et nous ne produirons aucune assertion qui ne soit escortée de preuves solides.

PREMIÈRE PARTIE.

EXAMEN DES PRÉTENDUS AVANTAGES DE L'ENTREPÔT GÉNÉRAL.

« Les entrepôts à domicile, disait M. Terme dans « son rapport de 1832, favorisent une fraude vraiment « effrayante sur les droits d'entrée et d'octroi. »

Et pour justifier son effroi, l'honorable rapporteur ne portait pas à moins de sept cent mille francs la diminution annuellement causée dans les revenus de la ville, par la fraude qu'il dénonçait au conseil municipal. L'Entrepôt général qu'il proposait de construire devait rétablir cette somme au budget des recettes. Il devait, en outre, rassurer les consommateurs contre les altérations malfaisantes dont les boissons peuvent être l'objet, relever la réputation compromise des entrepositaires lyonnais, diminuer enfin les frais de perception et de surveillance, en concentrant sur un seul point l'action des préposés du fisc et de l'octroi.

Nous n'essaierons pas de le nier, si la mesure de l'Entrepôt général devait produire de tels effets, il ne faudrait pas craindre de froisser quelques intérêts privés; il ne faudrait pas se préoccuper des plaintes qui s'élèvent. La considération du bien public devrait prévaloir sur des considérations d'un ordre inférieur.

Malheureusement ce tableau des avantages d'un Entrepôt général exclusif, est un tableau de pure fantaisie, et ses traits les plus flatteurs ont déjà disparu effacés par un commencement d'expérience.

Pour apprécier le degré d'efficacité de l'Entrepôt général, en ce qui touche la diminution de la fraude, il faut se rendre compte de l'importance des opérations des fraudeurs, et étudier les moyens dont ils se servent pour échapper aux agents de la perception.

C'est ce que nous allons faire en commençant par l'examen de la fraude qui s'exerce sur les spiritueux.

Si la fraude sur les spiritueux se faisait surtout, comme on l'a prétendu en 1832, aux entrées et aux sorties, *en entrant plus, et en sortant moins que la jauge ne peut le démontrer*, alors sans doute, l'Entrepôt général serait un remède efficace, car, en supposant, par exemple, qu'un négociant eût trompé les employés sur la contenance des fûts à l'entrée, qu'il eût introduit une quantité supérieure à celle déclarée, il lui serait difficile d'utiliser l'excédant frauduleusement obtenu, si toutes ses opérations, comme toutes ses marchandises, devaient être renfermées dans l'enceinte d'un Entrepôt public.

Mais il est absurde de soutenir, avec le rapport de 1832, que la fraude sur les spiritueux s'appuie principalement sur l'imperfection de la jauge.

En effet, les droits ne sont acquittés aujourd'hui que sur 6 à 700 hectolitres d'alcool, tandis que, il est certain qu'il s'en emploie ou qu'il s'en consomme à Lyon plus de 10,000 hectolitres ; d'où il résulte que les 19/20mes des spiritueux introduits à Lyon, échappent à la perception. Or, est-il possible d'expliquer une fraude aussi énorme par l'imperfection de la jauge?

Ramenons les choses à leurs véritables proportions. Disons qu'effectivement la négligence ou l'inhabileté de quelques employés favorise l'introduction de quantités un peu supérieures à celles déclarées, mais ajoutons que rien n'est plus incertain que le succès, rien n'est plus modique que le bénéfice de semblables introductions; faisons le même aveu en ce qui concerne les sorties, et après cela, déclarons au nom de tous les entrepositaires, que nous n'attachons pas la moindre importance aux bénéfices que procurent de semblables opérations; que nous y renonçons de grand cœur, et que nous serons les premiers à indiquer à l'administration, si elle le désire, des moyens simples et faciles de les rendre impossibles. Mais recourir à l'établissement si vexatoire, si dispendieux, d'un Entrepôt général pour détruire une fraude presque imperceptible, cela est-il sage, cela est-il raisonnable?

Est-il besoin de signaler au public le véritable théâtre de la fraude sur les spiritueux? Ne sait-on pas que c'est aux barrières et sur toute la ligne de l'octroi, que les alcools, trompant la vigilance des préposés, s'infiltrent dans la ville? Faut-il énumérer les procédés aussi ingénieux que variés à l'aide desquels cette infiltration s'accomplit?

La plupart de nos concitoyens les connaissent aussi bien que nous; mais à ceux qui les ignorent, nous apprendrons : que la fraude sur les alcools est organisée sur une vaste échelle; qu'elle a ses entrepreneurs, ses directeurs, ses agents; qu'elle a plusieurs centaines d'individus à sa solde; qu'elle dispose d'un matériel considérable de bateaux et de voitures ; qu'elle a ses points de départ, ses ports de débarquement.

Quant aux modes d'exécution, ils sont nombreux.

Au-delà de chacun de nos faubourgs, hors de la portée de l'octroi, sont établis des marchands de spiritueux, chez lesquels se dirigent facilement, au moyen des rivières, des convois clandestins. Là se rendent des individus, surtout des femmes, qui se chargent de cinq à six litres d'esprit contenus dans des vessies qu'elles étendent sur leur corps à l'aide de cuissards, de brassards, de corsets. Ces fraudeurs sont continuellement en circulation, entrent tantôt par un point, tantôt par un autre, profitent d'un encombrement aux barrières, d'un moment de travail, pour soustraire leur embonpoint artificiel à l'œil exercé des employés, se jettent dans un omnibus... au point que la fraude est vraiment insaisissable et qu'à peine on arrête un fraudeur sur cinquante.

Ce n'est pas tout; une fraude considérable se pratique sur les spiritueux par la barrière de Perrache. Elle se fait au moyen de voitures de houille dont le fond est garni de barils de vingt-cinq à cinquante litres; ou bien encore dans un chargement de caisses semblables aux caisses de verres à vitre expédiées de Givors, on glisse des vases de ferblanc entourés de vitres, que les employés n'osent sonder, de crainte de les briser. Enfin la fraude se fait à l'aide de tombereaux à double fond, en apparence semblables à ceux qui transportent de la terre pour les remblais.

Mais le principal déploiement de la fraude a lieu sur la ligne du Rhône, de St-Clair à Perrache; tout ce vaste développement de quais est ouvert aux arrivages frauduleux, dans les nuits obscures. On comprend en effet, que le personnel que l'administration peut mettre sur pied, n'est point assez nombreux pour qu'une surveillance efficace soit exercée sur une rive de trois quarts de lieue d'étendue. La configuration de la ville de Lyon est infiniment plus favorable aux entreprises des fraudeurs que celle de Paris; et cependant Lyon ne peut, comme la capitale, stipendier une armée de préposés : aussi qu'arrive-t-il? Dans l'épaisseur des ténèbres, des batelets chargés de spiritueux, descendent du faubourg St-Clair, ou partent de la Guillotière; ils échappent aisément à l'œil de quelques employés disséminés sur une ligne immense, ils se glissent et se cachent entre les usines et les bateaux de toutes sortes qui garnissent les quais du Rhône; puis leurs conducteurs débarquent leurs marchandises et, au premier instant propice, se jettent avec elles dans la rue la plus voisine.

Parlerons-nous des introductions clandestines qui s'effectuent au port d'Ainay, de celles bien plus considérables encore, qui se font au pont de Serin à l'aide de radeaux que n'arrête plus aucun barrage (1).

Telles sont les principales ressources que possède la fraude sur les spiritueux. Exercée de tant de manières, sur tant de points, et par un si grand nombre d'agents,

(1) Autrefois le passage de la Saône, à l'entrée et à la sortie de la ville, était défendu par un barrage qui se levait aussitôt la nuit close. Les glaces l'ont détruit, et depuis plusieurs années on a jugé superflu de le rétablir.

ne suffit-elle pas à alimenter la consommation, et est-il besoin de chercher une autre explication des pertes essuyées par l'octroi, et d'en faire peser la responsabilité sur les Entrepôts à domicile ?

Maintenant, nous demanderons si la fraude dont nous venons de retracer les moyens d'exécution, sera désarmée le moins du monde par l'établissement d'un Entrepôt général.

Il faut le dire hautement : le véritable, l'unique remède à apporter aux excès de la fraude sur les spiritueux, consiste dans l'abaissement des droits. Rien n'excite l'audace, rien ne rend inventif comme la perspective du gain. Or c'est ce stimulant qu'il faut enlever à la fraude. Du jour où le tarif sera abaissé dans une certaine mesure, elle périra, faute d'aliment; c'est en effet, l'élévation des droits qui sert de base à ses spéculations. La plupart des procédés qu'elle emploie sont dispendieux; il y a, de plus, le danger des saisies et des amendes; mais cette mise de fonds, ces chances de perte, sont largement couvertes par le bénéfice résultant des droits éludés. Il s'agit donc de réduire ce bénéfice. C'est ce qu'avaient compris depuis longtemps tous les bons esprits dont les vœux ont trouvé un organe dans le sein du conseil municipal. M. Guerre, dont l'opinion est le fruit d'un profond savoir et d'une expérience consommée, a récemment développé au milieu de ses collègues, une proposition tendant à l'abaissement des taxes sur les liquides; il a été écouté avec une faveur qui présage à ses vues un succès prompt et certain. On ne saurait, en effet, se refuser à une mesure qui doit améliorer les recettes du fisc et de l'octroi, tout en soulageant les contribuables : problème qui avait jusqu'ici paru insoluble. La proposition dont nous venons de parler et les considérations sur lesquelles elle s'appuie ayant reçu une grande publicité, nous y renvoyons le lecteur (1) et nous nous abstenons de plus amples développements.

Examinons maintenant s'il est vrai que les Entrepôts à domicile servent d'instrument à une fraude immense sur les vins.

Et d'abord, expliquons-nous sur le point fort important de savoir quelle est la quantité de vins soustraite annuellement à la perception des droits.

Dans le rapport présenté en 1832 au conseil municipal, on a fait un raisonnement qui, nous devons l'avouer, avait quelque chose de très-spécieux, et qui plus intelligible et plus frappant que tous ceux dont il était accompagné, a peut-être déterminé bien des convictions restées depuis immobiles.

Ce raisonnement, le voici :

De 1806 à 1812, époque où un Entrepôt général a été en vigueur à Lyon, la moyenne des consommations officielles a été par individu de 2 hectolitres 12 litres de vin.

De 1825 à 1831, sous le régime des Entrepôts à domicile, cette même moyenne n'a plus été que de 1 hectolitre 41 litres; d'où il suit que depuis le rétablissement des Entrepôts à domicile, la consommation officielle a subi, toutes proportions gardées, une réduction d'un tiers.

De sorte que les droits qui ne sont acquittés que sur 200,000 hectolitres de vin, devraient en réalité être perçus sur plus de 300,000 hectolitres.

M. le rapporteur tire de ces calculs deux conséquences : la première, c'est que le régime de l'Entrepôt

(1) Voyez notamment le *Courrier de Lyon*, des 15 et 17 juin 1839.
« Proposition pour la réduction des droits d'octroi sur les liquides, par M. Guerre. »

général est infiniment plus favorable à la perception que celui des Entrepôts à domicile.

La seconde, c'est que la quantité des vins soustraits aux droits ne s'élève pas à moins de 130,000 hectolitres. Et, comme on pouvait bien s'y attendre, les Entrepôts à domiciles sont rendus responsables de cet énorme déficit.

Pour renverser de fond en comble cette argumentation qui a fait impression sur beaucoup d'esprits toujours prêts à s'incliner devant des chiffres bien ou mal posés, il nous suffira de démontrer que depuis 1806 la consommation des vins n'a pas dû augmenter à Lyon, malgré l'accroissement de la population.

Or cette démonstration est facile.

Quatre causes principales ont contribué à affaiblir la consommation des vins depuis la période de 1806 à 1812, choisie pour premier terme de comparaison. Nous allons les exposer successivement :

1° La consommation du vin dans une ville n'est pas seulement proportionnelle au nombre des habitants, mais encore à l'aisance dont ils jouissent. Cent citoyens aisés boivent plus de vin que deux cents habitants pauvres. Or, on ne peut se dissimuler que de 1806 à 1812 la richesse était répartie entre les diverses classes de la population lyonnaise, d'une manière moins inégale qu'aujourd'hui. Il y avait beaucoup moins de bras inoccupés, parce que les nécessités militaires de l'époque prélevaient la fleur de la jeunesse des villes et des campagnes ; en outre les salaires étaient plus élevés qu'aujourd'hui. Il suffit d'indiquer ces différences, puisque nous comparons des époques qu'un grand nombre de nos concitoyens ont traversées, et que nous pouvons invoquer à l'appui de nos assertions, non des traditions, mais des souvenirs qui vivent dans bien des mémoires.

2° De 1806 à 1812 les vins étaient frappés, à l'entrée, d'une taxe bien moins considérable qu'aujourd'hui.

On ne payait alors que 4 francs par hectolitres au profit de l'octroi, et quant au droit d'entrée perçu par le gouvernement, voici le tableau des variations qu'il a subies.

Aboli par la loi du 19 février 1791, il fut rétabli par celle du 25 novembre 1808, et fixé, pour les villes de 50,000 ames et au-dessus, à 2 f. 50 par hectol.

Par le décret du 5 janvier 1813,	à 4	50	id.
Par la loi du 8 décembre 1814,	à 4		id.
Par la loi du 28 avril 1816,	à 5	60	id.
Par la loi du 12 décembre 1830,	à 4		id.

On voit que de 1806 à 1812, les droits d'octroi et d'entrée étaient inférieurs de près de moitié à ceux qui ont été perçus de 1825 à 1830.

Or, l'élévation des droits a influé sur la consommation, de deux manières. Premièrement, elle a poussé une foule d'individus pauvres ou économes à s'abstenir entièrement de vin, ou à en user plus sobrement que par le passé. En second lieu, elle a eu pour effet de déplacer complètement la consommation à laquelle le peuple se livre le dimanche et dans ses jours de loisir et de réjouissance. Cette consommation s'est transportée dans les faubourgs, et le grand nombre de cafés, de cabarets et d'auberges qu'on y remarque, atteste le déplacement dont nous parlons.

3° La consommation du vin dans l'intérieur de la ville s'est affaiblie par une troisième cause, qui est peut-être restée jusqu'à ce jour inaperçue. Cette cause c'est la multiplication extraordinaire des maisons de campagne dans le voisinage de Lyon. Chaque année en voit augmenter le nombre, et la spéculation, exploitant un goût devenu dominant, s'empare des plus beaux parcs, des plus vastes domaines, les dépèce et les distribue en quelque sorte par livraisons à la bourgeoisie lyonnaise.

Il résulte de ce développement extrême qu'a pris depuis quelques années le goût des villas, que dans la belle saison, une partie notable de la classe aisée quitte la ville et cesse de lui apporter le tribut de sa consommation. Cette émigration est plus que doublée le dimanche, au moyen des invitations. On comprend de reste combien les recettes de l'octroi doivent en souffrir.

4° Mais ce qui achève d'expliquer comment, malgré l'accroissement de la population lyonnaise, le chiffre de la consommation du vin est demeuré stationnaire, c'est l'immense extension qu'a reçue dans notre ville, depuis vingt-cinq ans, la fabrication de la bière. Le temps n'est pas éloigné où l'on comptait à peine deux brasseries à Lyon. Aujourd'hui ce nombre est plus que décuplé. Pour que ces établissements trouvent un débouché à leurs produits, ne faut-il pas que le goût de la bière se soit singulièrement propagé parmi les Lyonnais, que l'usage de cette boisson soit devenu général? Or, n'est-il pas évident que la consommation de la bière n'a pu s'accroître qu'aux dépens de la consommation du vin? Et ne peut-on pas mesurer la décadence de l'une sur les progrès de l'autre (1)?

Répétons-le donc avec assurance, le calcul proportionnel établi par le rapport de 1832, ne conduit qu'à l'erreur. Il ne faut pas dire : Si 100,000 habitants ont consommé, en 1812, 200,000 hectolitres de vin, 150,000 habitants doivent en consommer aujourd'hui

(1) Le goût de la population lyonnaise pour le vin s'est incontestablement affaibli depuis vingt ans. Ce qui le prouve, c'est que sur une foule de points les cabarets ont été remplacés par des cafés, où il ne se consomme pas de vin.

300,000. — Car, en raisonnant ainsi, on n'envisage qu'un côté de la question, on omet des éléments essentiels de décision, on prend le chiffre de la population pour base unique de celui des consommations, et on oublie des circonstances qui, comme celles que nous avons rappelées, doivent nécessairement entrer en ligne de compte.

De toutes les explications que nous venons de donner, il résulte qu'il n'est pas possible d'admettre entre la consommation officielle et la consommation réelle, cette différence de 130 mille hectolitres, à laquelle on a voulu faire croire, afin d'en tirer une accusation d'autant plus grave contre les entrepôts à domicile.

A quoi se réduit donc l'importance de la fraude dont les vins sont l'objet?

A bien peu de chose assurément, et il suffira de quelques détails pour montrer qu'on s'est attaqué à un fantôme.

On a imputé aux entrepositaires de *décharger leurs comptes d'entrepôts en falsifiant les vins, en les mélangeant avec de l'eau, en fabriquant de toutes pièces des produits menteurs, en livrant ainsi à la consommation extérieure des vins dénaturés et dangereux pour la santé publique.* Si l'on en croit M. le rapporteur de 1832, *les vins en transit, grâce à la latitude que leur laisse la loi, sont changés, dédoublés dans la ville, et le transitaire, au lieu d'un vin généreux qu'il a introduit la veille, ne livre le lendemain à la porte de sortie qu'un vin coupé ou de mauvaise qualité.*

Que de telles imputations soient entièrement dénuées de fondement, c'est ce que nous sommes loin de prétendre. Il est très-vrai que les abus que l'on signale ont existé; mais il est également vrai que jamais ces abus n'ont présenté le caractère de gravité qu'on leur attribue, et qu'après avoir graduellement diminué d'intensité, ils ont fini par disparaître.

On croira facilement à cette disparition, lorsqu'on aura pesé les observations suivantes.

Ce n'est pas tout de substituer aux vins généreux que l'on introduit, des produits imitatifs, il faut encore en trouver le placement. Or, de deux choses l'une : ou l'imitation est parfaite et de nature à défier le palais le plus exercé, ou elle est grossière.

Dans le premier cas, elle suppose des manipulations habiles, l'emploi d'ingrédients dispendieux; en un mot, un concours de soins et de dépenses qui en font nécessairement une spéculation ruineuse, surtout si l'on considère qu'il s'agit de vins qui, en moyenne, ne dépassent pas la valeur de 18 fr. l'hectolitre.

Dans le second cas, c'est-à-dire si l'artifice dont les vins sont le produit se trahit au premier abord, le commerçant qui les aura mis en circulation pourra bien surprendre une fois la confiance des acheteurs, mais il ne pourra continuer long-temps son misérable et honteux trafic ; il sera promptement frappé d'un mortel discrédit. C'est là un dénouement inévitable. Car, il faut bien le remarquer, la clientelle des entrepositaires n'est point une clientelle qu'on puisse aisément et par conséquent impunément tromper. Elle se compose, à l'intérieur, d'administrations, d'établissements publics et de débitants; à l'extérieur, à plus forte raison, les ventes ne se font qu'en gros. Tous ceux qui se fournissent dans les entrepôts sont donc parfaitement aptes à vérifier la qualité des vins qu'ils en tirent, et, de plus, ils sont fortement intéressés à faire cette vérification. Il n'en est pas de même de la clientelle des débitants. Ceux qui viennent chez eux consommer ou acheter, sont, en général, des individus de la dernière classe du peuple, dont le goût est peu délicat, qui recherchent avant tout le bon marché, et qui, le plus souvent, buvant jusqu'à l'ivresse, se mettent hors d'état d'apprécier la qualité des vins qu'on leur sert. C'est donc dans les débits que s'est aujourd'hui réfugiée la fraude par altération, par fabrication, par multiplication. C'est là seulement qu'elle est facile et fructueuse.

Quant à celle qu'un petit nombre d'entrepositaires, qui se sont par là déshonorés et perdus, pratiquaient il y a quelques années, l'expérience en a fait justice et en a effacé jusqu'aux vestiges. Nous ne craignons pas d'invoquer à cet égard le témoignage des employés de l'octroi; il ne saurait nous démentir.

Quant à la fraude qui consisterait à tromper sur la contenance des fûts, à introduire des quantités supérieures à celles déclarées; à faire sortir des quantités moindres que celles énoncées: chacun comprendra que les bénéfices résultant de semblables opérations, sont trop insignifiants pour tenter la cupidité des entrepositaires et pour inspirer au fisc de sérieuses alarmes.

Supposez en effet l'opération du jaugeage encore plus imparfaite qu'elle ne l'est effectivement, c'est tout au plus si l'on pourra soustraire à ses évaluations cinq à 6 litres par pièce, c'est-à-dire environ un 40e.

Cette espèce de fraude est d'ailleurs très-facile à réprimer, et il suffirait pour cela de compléter et de perfectionner les moyens de vérification actuellement employés. Les entrées ont lieu pour les vins par deux points principaux : le port d'Ainay pour les vins du Midi et de la Côte du Rhône; la barrière de Serin pour les vins du Beaujolais et du Mâconnais. Au port d'Ainay les pièces sont débarquées et jaugées avec une grande exactitude, et s'il y a contestation, le dépotage sert à la trancher. Sur ce point donc, pas de fraude possible. A Serin, de même qu'aux autres barrières, les vins entrent par terre dans des pièces de 213 litres, sur des charrettes, où une pièce un peu plus volumineuse qu'une autre est facilement reconnue à l'œil et au besoin par la jauge. Sur ce point encore, les fausses déclarations ne peuvent réussir qu'autant que les préposés apportent dans leur service de la négligence et de l'inattention.

Voilà pour les entrées. Reste la constatation des sorties.

Les vins du Beaujolais, du Mâconnais, du Lyonnais, sont toujours contenus dans des fûts de 213 litres, d'un jaugeage facile et uniforme. Quant aux vins du Midi, ils arrivent au port d'Ainay dans de grandes pièces qui sont, en général, de la capacité d'un demi-muid. C'est à la jauge, lors de la sortie, à en constater la contenance, et le plus souvent l'opération est facilitée par la présence sur les pièces de la marque du port d'Ainay, indicative du n° d'entrée et de la quantité. En cas de difficulté, on peut même se procurer le bulletin de jauge de ce port. Pour assurer l'efficacité de ces moyens de vérification, on n'aurait qu'à adopter l'usage constant des marques à feu à l'aide desquelles les résultats du jaugeage à l'entrée seraient gravés d'une manière indélébile sur les pièces vérifiées, et fourniraient aux employés à la sortie une base certaine d'opération. Objectera-t-on qu'il sera possible de changer les douves qui porteront l'empreinte des vérificateurs à l'entrée ; nous répondrons que ce changement n'est point à craindre, parce que les frais et les risques qui y seraient attachés dépasseraient le bénéfice qu'on en pourrait retirer.

Enfin, il importe de remarquer qu'à moins d'expédition à l'étranger, l'acquit à caution est une garantie contre le genre de fraude dont nous nous occupons;

car il est à présumer que les destinataires ou expéditionnaires ne consentent pas à se charger de quantités qu'ils ne reçoivent pas.

Ainsi donc, et pour nous résumer sur la fraude dont les vins seraient l'objet, nous avons démontré qu'elle ne dérobe point, comme on l'a prétendu, à la perception des droits le tiers de la consommation réelle de Lyon. Nous avons fait ressortir le vice des calculs présentés à cet égard par les partisans de l'Entrepôt général, et signalant dans les circonstances locales qui se sont succédé depuis 1812, des causes puissantes de décadence pour la consommation des vins à Lyon, nous avons établi que le chiffre de cette consommation ne peut différer d'une manière notable de celui sur lequel porte l'acquittement des droits.

Quant à la fraude par altération des vins, nous avons prouvé qu'elle ne saurait s'organiser d'une manière durable; qu'elle entraîne des conséquences si funestes au commerçant qui s'y livre, qu'une courte expérience a suffi pour l'anéantir; que si l'on pouvait citer des exemples de cette fraude dans le passé, il était difficile d'en signaler dans le présent, et impossible d'en redouter pour l'avenir.

Nous aurions pu ajouter qu'en supposant l'existence actuelle de la fraude par altération, on peut la combattre par des moyens nombreux et énergiques; que la dégustation et les procédés chimiques permettant de la constater à peu près dans tous les cas, il ne resterait plus qu'à frapper les délinquants d'une peine assez forte pour prévenir toute récidive, et qu'on arriverait certainement à ce résultat en frappant le délinquant d'une amende considérable et même de l'interdiction de la faculté d'entrepôt à domicile.

Nous avons encore fait comprendre combien est

insignifiante la fraude sur les contenances déclarées aux entrées et aux sorties, et combien il serait aisé, sans recourir à l'Entrepôt général, de la détruire entièrement.

Reste la fraude qui se commet par introduction frauduleuse. C'est la seule qui soit susceptible d'un certain développement. Qu'on surveille nos deux rivières, de façon à empêcher tout débarquement clandestin, et l'on aura ramené sous la main du fisc presque tous les vins qui lui échappent. Mais nous répéterons ici ce que nous avons dit à l'occasion des spiritueux, comment l'Entrepôt général empêchera-t-il la fraude par infiltration?

De toutes ces explications il résulte que ces immenses avantages financiers que devait produire l'Entrepôt général, en anéantissant la fraude sur les boissons, peuvent être tenus pour chimériques. Les recettes municipales n'augmenteront pas d'un centime, car on aura frappé à côté des abus qui leur portent préjudice.

Parlerons-nous de cette compassion qu'on feint d'éprouver pour le profond abaissement où les négociants en liquides de Lyon sont tombés aux yeux de l'opinion?

On parle de les relever dans l'estime du monde commercial!

C'est M. le rapporteur de 1832, c'est un membre du conseil municipal qui se rend l'organe d'une pitié aussi insultante, qui, pour avoir le droit de parler de réhabilitation, suppose une déchéance.

Nous nous contenterons de répondre que la place de Lyon est renommée dans le monde entier pour la loyauté de ses opérations, et qu'aucune des branches de commerce qu'elle exploite, ne dément cette réputation honorable; que le développement continu qu'a pris dans notre ville le transit des liquides, atteste que loin de perdre la confiance générale, nos entrepositaires ont su la captiver de plus en plus; qu'enfin, les premières inculpations qui aient été publiquement dirigées contre leur probité, sont celles, que pour le besoin de sa thèse, M. le rapporteur de 1832 a cru devoir formuler.

On a fait briller un dernier avantage aux yeux du conseil municipal; on lui a représenté que l'Entrepôt général, en concentrant dans un même local les liquides soumis à la surveillance de l'administration de l'octroi, permettrait de réduire le nombre des préposés.

Encore une chimère, ou, pour mieux dire, une contre vérité!

Nous verrons en effet dans un instant combien, dans le système de l'Entrepôt général logiquement appliqué, les nécessités de la surveillance sont coûteuses, nous verrons notamment quelle augmentation de *personnel* exigera le service des escortes qui devra nécessairement être organisé, si l'on aspire à faire quelque chose de sérieux.

DEUXIÈME PARTIE.

CONSÉQUENCES FUNESTES DE L'ÉTABLISSEMENT A LYON D'UN ENTREPÔT GÉNÉRAL EXCLUSIF DES LIQUIDES.

La mise en vigueur de l'Entrepôt général, sera le signal de l'émigration du commerce des liquides; cette émigration est inévitable, elle sera immédiate. Écoutons à cet égard M. le rapporteur de la commission nommée en 1813, pour examiner les résultats de l'Entrepôt institué en 1806. Voici en quels termes il proclame l'enseignement de six années d'expérience :

« On ne peut se dissimuler, que cette institution a

« porté à la plus antique branche de commerce de la « cité, celui de la commission, un coup mortel. Le « commerce des liquides a presque entièrement dé- « serté nos murs; deux cents Entrepôts formés à nos « dépens dans les communes voisines, des Entrepôts « plus nombreux encore formés dans plusieurs villes « fort éloignées, attestent notre imprudence et nos « pertes. Avec les liquides, on voit incessamment « s'éloigner de nous l'Entrepôt ou la commission « des huiles, des savons, des blés, et de toutes les « productions, en un mot, du Nord et du Midi, « parce que tous les éléments de commerce se « touchent et sont attirés les uns par les autres; les « hommes de peine, ou suivent ces Entrepôts qui nous « fuient, ou demeurent sans travail parmi nous; les « étrangers sont moins appelés dans nos murs; nos « fabriques sont plus délaissées, le commerce plus « inactif, nos maisons moins louées, et il n'est pas « jusqu'à l'octroi même, pour lequel on a créé l'En- « trepôt, qui ne souffre de son établissement par la « diminution des recettes. »

Ainsi s'exprimait le rapporteur de 1813, et en présence de ce tableau sombre mais fidèle, le conseil municipal s'empressait de voter la suppression de l'Entrepôt général.

On relève aujourd'hui cet établissement, aurait-il donc changé de nature? Ce qui était en 1813 un principe de ruine, serait-il en 1839 une source de prospérité? Les mêmes causes dans les mêmes circonstances ne produisent-elles pas les mêmes effets?

Que s'est-il donc passé depuis 1813, qui ait rendu notre localité plus propice à la création d'un Entrepôt général? S'est-il opéré une révolution dans l'assiette commerciale de Lyon? N'a-t-il pas toujours sa belle position géographique, ses deux fleuves, sa population douée du génie des affaires? Le progrès des études économiques aurait-il amené à reconnaître que la liberté est mortelle au commerce et qu'il a besoin d'entraves pour se développer et fleurir?

S'il en est ainsi, si les hommes, les choses et les circonstances sont devenus favorables à l'institution qu'on veut rétablir, nous renoncerons volontiers à invoquer l'épreuve faite de 1806 à 1813; nous consentirons à porter le joug désormais bienfaisant d'un Entrepôt général.

Mais si au contraire depuis vingt-cinq ans la prospérité de notre ville n'a cessé de croître; si, en particulier, le commerce des liquides et celui de la commission n'ont fait que grandir en importance (1); si enfin, de notre temps, la liberté est le premier besoin de tout ce qui agit, si elle est pour le commerce et l'industrie, ce que sont pour la nature, l'air, la chaleur et la lumière; nous demanderons comment on a pu espérer de vaincre en 1839 des antipathies qu'on n'a pu surmonter en 1813, comment on a pu penser que les négociants en liquides verraient d'un œil satisfait, ou tout au moins indifférent, un mouvement rétrograde dans les idées d'émancipation, un retour à la servitude fiscale?

Mais nous ne saurions ici nous borner à rappeler l'expérience pourtant si décisive faite de 1806 à 1813.

(1) Il résulte de calculs statistiques produits à la Chambre des députés, lors de la discussion de la loi du 12 décembre 1830, qu'en 1788 la France ne présentait en vignoble qu'une surface de 1,555,475 hectares, tandis qu'en 1829 elle offrait une surface de 1,993,307, ce qui donne une augmentation de 437,831 hectares, laquelle doit évidemment être attribuée aux quinze années de paix qui ont suivi la chute de l'empire, et peut donner une idée du développement qu'a dû recevoir le commerce des liquides depuis 1813.

Nous devons entrer dans quelques explications pour faire comprendre, même aux hommes les plus étrangers à la matière que nous traitons, que la création d'un Entrepôt général équivaut à un décret d'expulsion du commerce des liquides.

Parmi les boissons qui entrent dans une ville, les unes ont une destination certaine et définitive et sont immédiatement livrables à la consommation : elles doivent acquitter les droits sans délai. Les autres se dirigeant vers un but ultérieur, se bornent à emprunter le passage, et, suivant les circonstances, traversent sans s'arrêter, ou font, avant de poursuivre leur route, une station plus ou moins prolongée; d'autres enfin, doivent former un approvisionnement disponible entre les mains des négociants, qui en alimenteront à leur gré la consommation intérieure ou extérieure.

Les boissons qui entrent par une barrière et sortent immédiatement par l'autre, ne sauraient être soumises à aucun droit d'entrée, et elles en sont dispensées moyennant la formalité d'un passe-debout délivré à l'entrée et qui doit être représenté à la sortie.

Quant à celles qui doivent séjourner, soit avec, soit sans destination fixe, la faveur due au commerce, a porté le législateur à suspendre la perception des droits d'entrée jusqu'au moment où elles reçoivent une destination. Alors, ou elles se dirigent sur un point extérieur, et aucun droit d'entrée n'est exigé, ou elles sont livrées à la consommation intérieure, et dans ce cas le droit d'entrée est perçu.

Mais pour que les délais accordés au commerce ne tournent pas au détriment du fisc, il importe de ne pas perdre de vue les liquides non sujets au paiement actuel des droits, et de se faire rendre un compte fidèle de l'emploi de toutes les quantités introduites. Dans l'état actuel des choses, on vérifie à l'entrée les quantités déclarées, on en charge le débit de l'expéditionnaire, et on le décharge par contre de toutes les quantités qu'il fait sortir : les droits ne sont perçus que sur la différence qui est censée avoir été livrée à la consommation intérieure. Mais les liquides, une fois vérifiés à l'entrée, peuvent être entreposés dans les magasins particuliers des négociants, loin de l'œil des employés et soumis seulement à des exercices facultatifs.

Voilà ce qu'on appelle le système des Entrepôts à domicile. Eh bien! la prétention de l'administration municipale, en élevant un Entrepôt général, est d'enfermer dans l'enceinte de cet édifice, tous les liquides jouissant actuellement de la faveur de l'Entrepôt à domicile, et son but est de les retenir jusqu'au moment où il en est fait emploi, sous la garde de ses agents. Ainsi, qu'on le remarque bien, dans le système de l'Entrepôt général, pas un hectolitre de vin introduit aux barrières ne doit être perdu de vue par les préposés jusqu'à sa sortie ou à la vente qui en est faite aux consommateurs de la ville; ce n'est qu'autant que cette condition est rigoureusement remplie, que la mesure de l'Entrepôt exclusif peut avoir quelque valeur.

De là, nécessité d'organiser des escortes qui devront avoir lieu :

1° De l'Entrepôt aux barrières;

2° Des barrières à l'Entrepôt;

3° Des barrières d'entrée aux barrières de sortie.

On entendrait probablement régler le service, de manière à ce que les escortes d'une même nature s'opérassent simultanément chaque jour, à une ou plusieurs heures déterminées et différentes de celles des autres, afin que les convois ne fussent point exposés à se croiser.

Ainsi, par exemple, les sorties de l'Entrepôt auraient lieu à l'heure légale de l'ouverture des barrières; les entrées dans la ville pour aller à l'Entrepôt, une ou deux heures après; et enfin, plus tard, les entrées en passe-debout; puis consécutivement, dans le même ordre, à d'autres heures de la journée.

Rien de plus simple et de plus régulier en apparence. Mais qu'on songe qu'il s'agira d'assujettir à ces dispositions réglementaires des voituriers qui ne peuvent pas d'avance, d'un point de départ éloigné, calculer leur itinéraire avec une précision telle que leur arrivée coïncide avec le moment de l'escorte sans laquelle, s'ils ont un changement ou total ou partiel de liquides, il leur sera interdit d'entrer dans la ville ou d'en sortir.

Qu'un roulier qui ne veut que traverser la ville, arrive cinq minutes après le départ de l'escorte qui doit le conduire d'une barrière à l'autre, le voilà dans la dure nécessité de stationner, ou sur la voie publique, ou dans une auberge, jusqu'à l'heure de l'escorte suivante. Si c'est le soir, et qu'en effectuant sa traversée sur le champ, il lui eût été possible d'aller coucher à une lieue au-delà, le voilà privé de cet avantage et contraint de passer une nuit dans un gîte beaucoup plus coûteux que celui qu'il avait l'intention de prendre.

Nous citons ces hypothèses à titre d'exemple: il serait facile de les multiplier. Mais cela nous mènerait trop loin, et la sagacité de nos lecteurs, mise sur la voie, ira facilement jusqu'au bout.

Après tout, il faut choisir entre ces trois partis : établir des escortes à heures fixes; les multiplier de manière à ce que les chargements qui se présentent n'éprouvent aucun retard; ou bien enfin, les supprimer tout à fait, ou au moins en ce qui concerne les liquides en passe-debout.

Si on adopte le système des escortes à heures fixes, outre les inconvénients que nous venons de signaler, on rencontre des impossibilités matérielles. Et, en effet, si les escortes ne partent d'une barrière qu'à des intervalles de deux heures, par exemple, quel ne sera pas l'encombrement produit dans nos étroits faubourgs par le stationnement forcé des chargements qui attendront l'heure des escortes! Qu'on jette les yeux sur ce qui se passe présentement, sur la difficulté de la circulation aux barrières de Vaise, de Serin, de la Guillotière, et qu'on dise s'il est possible de songer à une mesure qui accumulerait sur tous ces points, les arrivages les plus volumineux: et cependant, vous êtes bien forcé de livrer passage aux liquides en transit qui se présentent à vos portes. La configuration des lieux l'exige. Lyon n'est pas comme Paris, entouré d'une voie extérieure large et bien entretenue, qui dispense les chargements en simple passe-debout de le traverser. C'est à quoi les partisans de l'Entrepôt général n'ont sans doute jamais réfléchi. Ainsi le système des escortes à heures fixes est absolument inapplicable aux liquides en passe-debout.

Frappé de cette vérité, essaiera-t-on de se plier au mouvement si actif, si continu de la circulation, et imaginera-t-on de pourvoir immédiatement d'une escorte chaque chargement qui se présentera aux barrières? mais dans ce cas, il faudra solder une armée de préposés. Qu'on n'oublie pas que Lyon a douze barrières, que les plus fréquentées sont à une distance considérable les unes des autres; que les chargements de liquides se meuvent très-lentement, que leur marche est parfois retardée par des avaries à réparer ou à prévenir; qu'enfin il arrive souvent que les chargements sont complexes, que sur la même voiture, à côté des liquides qui vont au delà de Lyon, se trouvent des savons, des huiles, etc., qui doivent s'y arrêter, être remis peut-être à divers destinataires, et par conséquent prolonger la durée de la traversée. Qu'on fasse la part de toutes ces circonstances et l'on reculera d'effroi à la pensée de l'immense personnel que l'administration municipale serait forcée de mettre sur pied et d'entretenir.

Reste un troisième parti qui consisterait à renoncer au système des escortes au moins quant aux liquides en passe-debout. Mais alors l'Entrepôt général devient complètement stérile, car si les liquides en passe-debout sont affranchis, durant leur traversée, de toute surveillance, les altérations, les dédoublements, les substitutions, que vous reprochez aux entrepositaires à domicile, et auxquels votre Entrepôt général a pour objet de remédier, seront d'une pratique facile.

Venons maintenant à d'autres inconvénients bien propres à éloigner les négociants en liquides de l'Entrepôt général, à leur rendre le régime de cet établissement odieux et inacceptable.

Rien, on le sait, n'est plus inégal que le mouvement des relations commerciales. Il y a pour chaque industrie, pour chaque genre de négoce, dans le cours d'une année, quelquefois d'une saison, des moments de langueur et de stagnation, et des moments d'extrême activité. C'est surtout chez le négociant en liquides que, lorsque les affaires abondent, on est obligé, pour y faire face, de se livrer à un travail excessif et continu. Il faut, en de semblables circonstances, que la nuit puisse être employée aussi bien que le jour.

Eh bien! ne voit-on pas que l'Entrepôt général se refuse à ces nécessités? Dans tout établissement où s'installe une administration, où s'exerce une surveillance officielle, des habitudes régulières, uniformes, règnent souverainement. L'Entrepôt s'ouvrira et se fermera à des heures fixes. Toute opération, quelque urgente qu'elle puisse être, qui n'aura pu trouver place ou s'achever dans l'intervalle de l'ouverture à la clôture, sera impitoyablement renvoyée au lendemain.

Quoi de plus insupportable à un négociant que cette tyrannie de l'heure et du règlement? Et quel entrepositaire abdiquera volontairement sa liberté pour se ranger sous le joug du cérémonial administratif?

Aux loisirs forcés que l'Entrepôt général imposera aux commerçants en liquides, il faut ajouter le temps qui se consumera en allées et venues. L'Entrepôt s'élève sur un point fort éloigné du centre de la ville, et pour un grand nombre de négociants le trajet sera long à effectuer. Voilà donc encore des heures précieuses qui ne profiteront point aux affaires.

On fait sonner bien haut l'avantage de concentrer les transactions sur les liquides dans l'enceinte d'un même édifice, de créer un marché unique. Mais cet avantage, si c'en est un, et nous verrons tout-à-l'heure qu'on se fonde à cet égard sur de fausses données, cet avantage n'est-il pas contrebalancé par l'inconvénient d'une publicité qui percera à jour les spéculations auxquelles les négociants en liquides pourront se livrer? A qui sera-t-il possible de dissimuler ses approvisionnements, de voiler l'importance et le but de ses expéditions? Et qu'on ne dise pas que, dans l'état actuel des choses, il est également facile de connaître la quantité des liquides importés et exportés. Il est évident que pour arriver à cette connaissance, un travail long et minutieux est nécessaire. Il faut, en outre, que la régie permette d'explorer ses registres. Peu de personnes ont le courage d'entreprendre des recherches hérissées de pareilles difficultés. Dans un Entrepôt général, au contraire, il suffira d'ouvrir les yeux pour faire de la statistique, et toutes les opérations du négociant habile et prévoyant se trouveront livrées à l'imitation de ses concurrents.

Nous ne voulons pas pousser plus loin l'énumération et l'examen des entraves que le régime de l'Entrepôt général doit apporter au commerce des liquides. Nous en avons assez dit pour faire comprendre les répugnances qui se manifestent avec tant de persévérance et d'énergie contre cette mesure. Ces répugnances ne peuvent être vaincues que par la nécessité. Ce ne serait qu'autant que les négociants en liquides se trouveraient placés entre l'Entrepôt général et la ruine de leurs établissements, qu'ils consentiraient à s'enfermer dans la prison qu'on leur prépare. Or, cette pressante alternative n'existe pas pour eux. Qu'ils aillent rejoindre dans nos faubourgs, dans nos communes suburbaines, les nombreux confrères qu'ils y comptent aujourd'hui, et la prospérité de leurs affaires ne souffrira pas de ce déplacement.

Car, il faut qu'on le sache bien, ce qui les a attirés dans Lyon, ce qui les y retient, ce ne sont point des avantages commerciaux attachés au séjour de cette grande ville, ce sont uniquement des considérations de famille, d'amitié, de relations sociales; c'est aussi l'attrait que présente toujours un grand centre de population aux hommes jetés dans la vie active. Or, ce sont là autant de liens qu'on n'hésitera pas à rompre plutôt que de subir l'Entrepôt général.

On a supposé, et c'est là une erreur capitale qu'il est temps de réfuter, que les entrepôts particuliers formés à Lyon étaient surtout destinés à alimenter la consommation intérieure, et on en a conclu que les entrepositaires devaient attacher le plus grand prix au séjour de Lyon, et qu'un déplacement serait mortel à leur commerce. On a cité à ce propos l'exemple de l'Entrepôt général de Paris, qui a triomphé, dit-on, des mêmes dispositions hostiles que rencontre celui de Lyon, et qui reçoit actuellement toutes les boissons destinées à la consommation de Paris.

Nous répondons, en invoquant la notoriété publique, qu'il y a une différence essentielle entre le mode d'approvisionnement de Paris et celui de Lyon. Paris n'est point environné de vignobles, et par conséquent c'est au commerce qu'appartient presque exclusivement la tâche de fournir à ses besoins. Il y avait donc, au moment où un Entrepôt général y fut créé, avantage considérable, nous dirons presque nécessité, pour une grande partie des négociants en liquides, de rester dans Paris. Aussi, qu'est-il arrivé? Le commerce des liquides s'est partagé en deux branches. Parmi ceux qui l'exerçaient, les uns se sont exclusivement consacrés à l'approvisionnement de Paris, et ceux-là ont accepté l'Entrepôt général; les autres se sont réservé le transit et la spéculation, et ayant, avant tout, besoin de liberté, ils ont quitté Paris, ils ont élevé les vastes entrepôts de Bercy.

Notre ville est-elle dans les mêmes conditions? Non, assurément. L'approvisionnement de Lyon n'est pas, ne peut pas être, comme celui de Paris, l'ouvrage du commerce. Pourquoi? Parce que Lyon est situé au centre d'une contrée vignoble, et que la plupart de ses habitants achètent directement les boissons qu'ils consomment aux propriétaires de vignobles. Les entrepositaires ne vendent guère, comme nous l'avons dit plus haut, qu'à des administrations, à des débitants, à des établissements publics, c'est-à-dire à des acheteurs dont la clientelle les suivra certainement dans les faubourgs. Ils n'ont donc aucun intérêt, commercialement parlant, à demeurer dans l'enceinte de Lyon.

Veut-on, au surplus, savoir précisément dans quelle proportion les entrepôts contribuent à la consommation intérieure de Lyon? Voici des chiffres dont nous garantissons l'exactitude :

En 1838, les droits ont été perçus sur 224,758 hectolitres. Sur cette quantité, les entrepôts n'ont fourni que 13,654 hectol., c'est-à-dire environ un vingtième. Et en même temps les entrepôts ont expédié au-dehors près de 80,000 hectolitres de vins et une quantité égale de spiritueux.

Ces calculs établissent victorieusement que les ventes à l'intérieur ne forment qu'une très-faible partie des opérations des entrepositaires, et que leur négoce consiste principalement dans les expéditions au-dehors.

Ceci posé, quel intérêt peut les retenir à Lyon ? Comment ne préféreraient-ils pas à la servitude de l'Entrepôt général, la liberté des entrepôts de Vaise, de Serin, de la Guillotière, de St-Clair ? Après tout, se transporter à Perrache, ou dans les localités que nous venons de désigner, c'est la même chose quant à la distance. Si parmi les entrepositaires il s'en trouve qui ne puissent se résoudre à fixer leur résidence hors de Lyon, ils pourront conserver leur appartement en ville, sans éprouver en cela plus d'incommodité que s'ils faisaient usage de l'Entrepôt général.

Il faut donc tenir pour certain que le commerce des liquides abandonnera Lyon, et déjà le mouvement d'émigration a commencé. Dejà plusieurs entrepositaires, dont les baux sont près d'expirer, traitent ou ont traité avec des propriétaires *extra-muros*.

Quelles seront les conséquences de cette désertion du commerce des liquides ?

Nous allons essayer d'en donner une idée.

M. le rapporteur de 1832 réduit à 80 le nombre des maisons qui s'occupent *exclusivement* du commerce des liquides. Nous acceptons ce chiffre, et partant de ce fait que toutes suivront l'Entrepôt général, nous trouvons que ces 80 maisons de commerce entraîneront en se déplaçant, plus de 2,000 personnes hors de Lyon. Car chaque chef d'établissement emmènera avec lui sa famille, et le personnel de ses employés. Maintenant qu'on calcule la valeur locative des magasins abandonnés, qu'on y ajoute celle des appartements évacués par les 2,000 personnes dont nous venons de supposer l'émigration, et l'on arrivera à un total de 6 à 800 mille francs de loyers annuellement perdus pour la propriété bâtie.

Ce n'est pas tout. Le commerce des liquides a besoin du concours d'un grand nombre d'industries. Elles l'assistent; il les alimente. Leurs destinées se lient donc étroitement. C'est ainsi que la tonnellerie, la maréchalerie, l'art vétérinaire, le charronage, le roulage, se rattachent plus ou moins à Lyon, au transit et au séjour des liquides. Ainsi donc, de deux choses l'une, ou il y aura dans toutes ces industries qui servent le commerce des liquides, diminution de travail, ou il y aura diminution d'agents. Dans le premier cas vous enlevez à une foule d'artisans une portion notable de leurs bénéfices ; dans le second, vous réduisez le chiffre de la population, et par conséquent un des éléments de votre prospérité, car les recettes municipales croissent en raison de la consommation, et la consommation est elle-même proportionnelle à la population.

Enfin, avec les entrepôts intérieurs, disparaîtra cette circulation de chargements et de voituriers, qui donne tant de vie aux quartiers les plus pauvres, et qui soutient une foule de petites auberges et de cabarets.

Il n'est aucun de ces effets qui ne se soit produit lors du premier Entrepôt général, et la citation que nous avons extraite plus haut, du rapport fait au conseil municipal de Lyon en 1813, montre que nous pouvons prendre le passé pour garant de la justesse de nos prévisions actuelles.

Ainsi, en érigeant l'Entrepôt général des liquides, Lyon se dépouille au profit des communes suburbaines. Et toutefois que celles-ci ne se fassent pas illusion sur la valeur des avantages qu'elles sont appelées à recueillir. Ils sont grands sans doute, mais ils ne sont pas durables. Ignorent-elles le sort qui les attend ? Ne savent-elles pas qu'on ne leur a constitué une existence distincte que pour hâter leur développement, et avec l'arrière-pensée de les réunir à la cité mère, lorsqu'elles auraient atteint un certain degré de prospérité? Eh bien ! le moment de cette réunion approche. Elle est dans les convenances politiques et administratives. Déjà l'octroi de Lyon élargit sa ceinture, et le génie militaire projette un canal de liaison entre les forts qui cernent la Guillotière. Ces mesures sont significatives. Elles présagent la fin d'un état de choses abusif, où les communes assises à nos portes vivent de notre substance sans participer à nos sacrifices.

Il nous reste à apprécier la mesure de l'établissement d'un Entrepôt général des liquides à Lyon comme opération financière.

Les partisans de l'Entrepôt n'ont jamais nié la réalité des inconvénients que nous avons passés en revue, seulement ils se sont appliqués à les atténuer, et à représenter les négociants en liquides comme des citoyens à qui on impose quelques sacrifices dans l'intérêt public.

Ces sacrifices sont-ils considérables ou légers; n'y a-t-il que les intérêts des commerçants en liquides qui se trouvent froissés ? Ce sont là des questions que les développements qui précèdent mettent le lecteur en état de résoudre. Au point où nous sommes parvenus, son opinion doit être formée.

Il s'agit donc maintenant de dresser le bilan de l'Entrepôt général, et écartant tous les résultats indirects et éloignés, de calculer d'une part ce qu'il coûtera, de l'autre ce qu'il rapportera.

Nous avons déjà rappelé qu'en 1832, on évalua à 400,000 fr. les dépenses de construction de l'Entrepôt général, et que malgré cette évaluation modeste, le conseil municipal crut devoir s'interdire d'élever l'édifice aux frais de la ville. On laissait cette tâche à la spéculation privée, dont l'empressement, disait-on, ne serait pas douteux.

La spéculation privée ne s'est pas présentée, donnant ainsi un premier avertissement aux panégyristes de l'Entrepôt.

Le conseil municipal revenant alors sur sa résolution, s'est décidé à construire l'Entrepôt avec les deniers de la ville. Un emprunt de 443,500 fr. a été affecté à cette entreprise. Aujourd'hui elle est en cours d'exécution.

Or, l'on se tromperait gravement si l'on pensait que la dépense se renfermera dans les prévisions du devis. Le public est accoutumé à ces sortes de déceptions. Nous avons sous les yeux l'exemple du Palais-de-Justice, dont le devis primitivement établi à 1,800,000 fr., est aujourd'hui porté à 5,000,000, sans préjudice d'augmentations ultérieures. On éprouvera le même mécompte, en ce qui concerne l'Entrepôt général des liquides. Il faudra tripler le crédit, que sincèrement ou non, on a estimé suffisant dans l'origine. Et nous ne fondons pas notre opinion sur de simples analogies, sur de vagues conjectures. Nous partons de deux faits l'un et l'autre incontestables. Le premier, c'est que les fonds provenant de l'emprunt de 443,000 fr. sont aujourd'hui entièrement employés. M. le maire de Lyon en a fait l'aveu dans la séance du conseil municipal du 3 juillet 1839 (1).

Le second, c'est que les travaux sont à peine parvenus au tiers de leur exécution. Sur ce point nous n'avons qu'un mot à dire, c'est que chacun de nos concitoyens peut se transporter sur les lieux, et juger par lui-même de l'exactitude de nos assertions.

Ainsi donc on peut, sans exagération, fixer à une somme de 12 à 1,500,000 fr., le coût de l'Entrepôt général.

C'est-là sans doute une mise de fonds énorme, surtout si l'on songe qu'elle doit être fournie par une ville qui gémit sous le poids d'une dette considérable.

Mais enfin, et quoiqu'on ait été entraîné bien loin des prévisions primitives, l'entreprise serait excusable, si en même temps que le chiffre des dépenses s'élevait, celui des produits avait subi une hausse proportionnelle. Or, c'est précisément le contraire qui est arrivé.

Qu'on lise le rapport fait au conseil municipal en 1832, on y verra que le champion de l'Entrepôt gégéral évalue à plus de 600,000 fr. l'augmentation annuelle de recettes que cet établissement doit procu-

(1) Il résulte des déclarations faites par M. le maire que le conseil d'état a réduit de 100,000 fr. l'emprunt d'un million voté à l'effet de combler le déficit du budget prévisionnel de 1839; qu'il a en même temps indiqué sur quels chapitres du budget la réduction devra porter; qu'au nombre de ces chapitres figure celui de l'Entrepôt pour une somme de 25,000 fr. — M. le maire a ajouté que sur ce point la prescription du conseil d'état est inexécutable, attendu que les fonds affectés à l'Entrepôt sont entièrement dépensés.

rer. Plus tard, et lorsque l'enthousiasme s'est un peu refroidi, on se contente d'espérer un accroissement de 400 mille francs. En 1838, l'illusion s'est de plus en plus dissipée, peut-être même aperçoit-on la vérité tout entière, mais on en détourne les yeux pour éluder un aveu trop pénible. Quoi qu'il en soit, M. le maire en présentant le budget de 1839 n'estime le produit direct ou indirect de l'Entrepôt général qu'à 180 mille francs.

Or, c'est là se rapprocher de la vérité, ce n'est pas encore l'atteindre.

Décomposons ce chiffre de 180,000. Nous trouvons 90,000 fr. représentant l'amélioration apportée dans les recettes par la répression de la fraude et 90,000 fr. produit des locations. Eh bien ! n'avons-nous pas démontré d'une part, que le commerce des liquides fuira l'Entrepôt ; de l'autre, que cet établissement est incapable de diminuer l'intensité de la fraude ? Dès lors sur quoi reposent les espérances de M. le maire ? et comment la caisse municipale s'enrichira-t-elle, à l'aide d'un Entrepôt désert, et d'une mesure dont les fraudeurs se rient d'avance.

Les produits sur lesquels on paraît compter sont donc tout-à-fait chimériques. Ce qui ne l'est pas, c'est le chiffre des charges annuelles, qui se composent :

1° De l'intérêt du capital employé à la construction de l'Entrepôt ;

2° Des frais d'administration, de conservation et d'assurances ;

3° Des frais d'augmentation du personnel par suite de l'établissement d'un service d'escortes, service nécessaire, quoi qu'on en dise, dans le système de l'Entrepôt général, logiquement appliqué.

A ces dépenses annuelles, fixes et inévitables, on

doit ajouter les indemnités auxquelles ont certainement droit, tous les négociants ou propriétaires auxquels le mise en vigueur de l'Entrepôt général portera directement préjudice.

Nous citerons notamment les liquoristes dont l'industrie ne peut s'exercer dans l'enceinte d'un Entrepôt général, et qui devront nécessairement quitter la ville. Or, ce déplacement entraînera des frais considérables, dont la caisse municipale devra les couvrir.

Vainement espère-t-on concilier la présence dans le sein de Lyon de l'industrie des liquoristes avec les exigences de l'Entrepôt général. Cette conciliation est impossible. Il faudrait pour la réaliser, ou garotter le commerce des liqueurs, ou énerver l'Entrepôt. A Paris, on s'est conformé aux exigences de la logique, on a décrété la suppression des distilleries, et, en même temps (Loi du 1er mai 1822 art. 10) on a consacré le principe de l'indemnité, et on en a déterminé les bases. (Ordonnance du 18 mai 1822) (1).

Enfin, il faut tenir compte des pertes qui peuvent éventuellement dériver de la responsabilité qui pèsera sur la ville à raison de la négligence ou de l'infidélité de ses agents.

Cette responsabilité est formellement établie en ce qui concerne l'Entrepôt de Paris, par le décret du 3 janvier 1814, art. 15, § 3 (2). Elle est, au reste, de droit commun, et les tribunaux ne pourraient manquer de mettre à la charge de l'administration toutes les réparations pécuniaires auxquelles donneraient ouverture les fautes ou les malversations de ses préposés.

(1) Voyez encore les lois des 20 juillet 1825, et 24 mai 1834, art. 10, et les ordonnances des 24 juin, 1 juillet et 17 août 1836

(2) Art. 15, § 3 : « L'administration sera responsable des altérations ou avaries qui seront prouvées provenir de la faute de ses préposés.

On voit par ce rapide aperçu combien l'établissement d'un Entrepôt général est, financièrement parlant, onéreux à la ville, et combien il serait sage d'abandonner une entreprise qui deviendra une source de dépenses aussi considérables qu'improductives.

Au surplus, nous rendons justice à l'administration municipale actuelle; nous savons qu'elle ne partage pas, en ce qui concerne l'Entrepôt, les illusions de sa devancière. Nous croyons, comme nous l'avons déjà dit, que si la question était encore entière et qu'elle vînt à être agitée dans le sein du Conseil municipal actuel, elle recevrait une solution toute différente de celle qu'elle a reçue en 1832. Mais enfin, nos magistrats municipaux considèrent le vote émis par leurs prédécesseurs comme un legs qu'il faut acquitter. Aujourd'hui, plus que jamais, ils invoquent les faits accomplis, et à tous les avertissements, à toutes les protestations, à tous les raisonnements, ils répondent en montrant les travaux déjà avancés; ils demandent ce qu'il faudra faire des constructions qui s'élèvent.

Or, si c'est là, en dernière analyse, l'unique considération qui retienne l'administration dans la voie funeste où elle est engagée, et qui la pousse à achever l'Entrepôt, ne fût-ce qu'à titre d'essai; nous adjurons tous nos compatriotes de joindre leurs réclamations aux nôtres pour empêcher une si évidente dilapidation des deniers municipaux. Nous les supplions de remarquer combien il serait absurde, du moment qu'il est prouvé que l'Entrepôt sera non seulement improductif, mais ruineux, d'employer 800 mille francs à l'achever, par le motif qu'on en a dépensé 400 mille pour le commencer.

Nous ferons observer, en outre, que rien n'est plus facile dans l'état où sont les constructions que d'en changer la destination. Nous ne sommes assurément pas dans la confidence des desseins ou des besoins, soit de l'autorité municipale, soit de l'autorité supérieure, et l'une et l'autre sauraient mieux que nous, comment on pourrait utiliser la partie actuellement exécutée de l'Entrepôt général. Toutefois, plusieurs appropriations s'offrent à notre pensée. Ne pourrait-on, par exemple, louer à des entrepositaires, à titre d'entrepôt libre, les celliers déjà construits? Y a-t-il impossibilité de convertir l'édifice en une caserne de cavalerie, en tranformant les caves en écuries ou magasins de fourrages? Le voisinage du Champ-de-Mars ne favoriserait-il pas cette transformation?

De plus, s'il est vrai, comme on l'a annoncé, qu'on se propose d'établir dans la presqu'île Perrache une école d'artillerie (1), ce projet ne permet-il pas à la ville de tirer parti des dépenses qu'elle a faites, en vendant à l'État les constructions commencées de l'Entrepôt général?

Enfin, il nous semble que la ville trouverait son compte à achever les bâtiments de l'Entrepôt général, de manière à ce qu'ils pussent remplacer ceux actuellement affectés à la douane. Ces derniers sont reconnus

(1) On lit dans *Le Courrier de Lyon*, numéro du 27 juin 1839:

« Le génie militaire vient de faire l'acquisition d'environ 600 bicherées lyonnaises de terrain, sur la rive gauche du Rhône, dans la partie correspondante à la chaussée Perrache, pour la construction d'un nouveau fort et l'établissement d'un polygone destiné à remplacer celui qui existait dans la plaine dite du *Grand-Camp* et qui a dû être abandonné depuis que la digue en terre de la *Tête-d'Or* coupe cette plaine en diagonale.

« L'établissement d'un polygone sur ce point déterminerait vraisemblablement la construction d'une caserne et d'une école d'artillerie dans la presqu'île Perrache, et amènerait l'exécution d'un plan depuis long-temps conçu et dont la réalisation serait fort avantageuse à la ville qui possède sur ce point de vastes terrains. Par le choix d'un tel emplacement, il serait facile de mettre en communication ces deux établissements militaires qui ont entre eux tant de rapports nécessaires, par la construction d'un pont qui serait jeté sur le Rhône, dans le voisinage de la prison et dont la proposition a déjà été faite par une compagnie particulière. »

insuffisants; certaines marchandises n'y sont pas à l'abri des avaries. Situés dans un quartier plein de mouvement et de vie, on s'en déferait à un prix fort avantageux. L'échange que nous conseillons serait donc de tout point une excellente opération.

Il ne faut donc point parler de *faits accomplis* et s'en prévaloir pour persévérer dans une entreprise démontrée funeste à la ville et aux particuliers.

Ici se termine notre tâche. Nous ne nous flattons pas d'avoir épuisé les considérations que soulève l'établissement d'un Entrepôt général. Mais nous croyons en avoir assez dit pour faire partager à tous les hommes de bonne foi la profonde conviction qui nous anime.

C'est pourquoi nous osons compter sur l'appui de tous ceux qui peuvent intervenir avec efficacité dans le débat. Nous espérons dans la haute sagesse des Chambres, dans les lumières et l'équité de l'administration des contributions indirectes; nous avons surtout pleine confiance en nos magistrats municipaux, si aptes à pénétrer dans tous les replis de la question, et qui, tenant leurs pouvoirs de l'élection, contractent par là même l'engagement de ne les exercer que d'une manière juste et utile.

Les Membres composant la Commission nommée par les Propriétaires et les Commerçants sur les Liquides,

A. BOULLÉE, président. — C.-T. BEAUCOURT, trésorier. — V.-L. CUSIN. — L. NOILLY fils. — J.-B. COLLIARD. — L. EGGLY. — F. CLERC. — F. DUNOD. — L. ACCARIAS, avocat, secrétaire-rédacteur.

www.ingramcontent.com/pod-product-compliance
Lightning Source LLC
LaVergne TN
LVHW011959160826
845678LV00002B/631

* 9 7 8 2 3 2 9 6 8 1 7 1 9 *